Bruno

一口小吃
大百科

CONTENTS

常用材料推薦

蔬菜類 |

- -

大蘑菇 |
質超市有售，偶然在街市菜檔會發現得到。通常以包裝出售，一般有二至三個。挑選包裝乾爽、蘑菇沒有損壞的便可。

沙律菜 |
在超市、大型街市有售，街市售價比較便宜、挑選以乾淨，翠綠沒裂為佳。

三色椒 |
一種多用途的配菜，顏色鮮艷，一年四季也可在街市菜檔及超市買到，以街市菜檔的比較便宜。身重表示厚肉，宜挑選外皮光滑完整為佳。

獨子蒜 |
是常用香料之一，在街市菜檔以包裝出售。獨子蒜比普通蒜頭香味更濃。

蟲草花 |
在超市或雜貨店以包裝發售。用前需要浸發半小時。是一種健康食材。

紅蔥頭 |
又名紅蔥頭，是常用香料之一，在街市菜檔以包裝出售。

奶類 |

- -

總統牌無鹽牛油 |
由最優質的忌廉製造，是 100% 純牛油，濃郁幼滑、不含植物油及防腐劑。適合用作烤焗材料，令你喜愛的蛋糕或糕點菜式更豐富滋味。另外，亦可用來烹調蔬菜，營造濃郁幼滑口感，提升各種菜餚的風味。

總統牌淡忌廉 |
法國出產，淡忌廉由 100% 最優質的純忌廉製造，能提升所有食材的味道，獲全球頂級大廚選用，適合用來製作湯品、意粉、飯或糕點；也可以作裝飾甜品或當成餡料，營造難忘的幼滑口感。

總統牌輕怡芝士片 |
100% 由法國製造，以最優質的牛奶製成，口味特別香濃。芝士片含有豐富的鈣質，適合用來做三文治或直接食用，更可用作烹調芝士菜式。

鳴謝：

PRÉSIDENT

肉類

牛仔骨｜

一般凍肉店有售，應挑選脂肪分佈均勻、粗幼適中為佳，可原條煎或沿軟骨位切成三小件。

肥牛｜

一般凍肉鋪有售，用肉類分割器機切成薄片，適合打邊爐或入餡。挑選以肥瘦均勻為佳。

豬絞肉｜

一般在肉檔選購後，肉檔會代為絞碎，豬絞肉以半肥瘦為佳。

金華火腿｜

在街市雜貨店及海味店有售。店鋪會切件出售，亦有以包裝出售。

煙肉｜

一般凍肉鋪及超市有售，挑選以肥瘦均勻為要。不同牌子味道上有會有少許分別，有些會比較鹹，有些會比較香。

豬頸肉｜

新鮮的豬頸肉可在街市肉檔購買，也可在凍肉鋪選購急凍的。

海鮮

三文魚扒｜

又名鮭魚，含豐富油脂，肉質甜美，含有多種維生素，可切片生食、熟食也可。在超市或凍肉檔也有售，間中街市魚檔會有冰鮮三文魚扒出售。挑選以鮮橘色最好，色澤淡的較為不新鮮。

青口｜

主要產地為紐西蘭，是常見食用貝類之一。多是急凍品，在大型超市有售，回家只需要略為烹調便可。挑選以肉飽滿、有光澤、無異味為佳。

海蝦｜

仕街市海鮮檔有售，挑選以完整沒甩頭為要，宜選購水中游水的海蝦較為新鮮。

用煮食來改變生活質素

Cook1Cook

　　最初成立「Cook1Cook」（煮一煮）的原因，
是來自我們其中一位創辦人的親身經歷。

　　　他 小 時 候， 常 被 媽 媽 問：「 今 日 食 乜 餸？」

　　由於他當時年紀小，所以除了蒸肉餅、雞翼
及蒸排骨之外，也不知還有甚麼好吃。當然，媽媽
不想去想吃甚麼也是原因之一。結果，星期一鹹蛋
蒸肉餅、星期二梅菜蒸肉餅、星期三吃鹹魚蒸肉餅
⋯⋯有一晚，終忍不住問媽媽為甚麼來來去去都是
這蒸肉餅。

　　　　媽 媽 反 問：「 問 你 食 咩 又 唔 講？」

　　所以，這位創辦人從小便立志，
要成立一個方便大家解決「今日食乜
餸」的平台。

　　「Cook1Cook」同時也是一間社
企，希望將婦女們豐富的烹飪知識，
透過我們的平台連繫起來，運用美食
的力量，改善婦女的生活質素，為社
區關係帶來更好的改變！

我們認為，煮食除了是一種能力，也是一種力量。我們深信，煮食能改善家庭關係，煮得好吃，家人自然會多回家吃飯。

女性經常會被說成「煮飯婆」，但我們知道，透過煮食的力量，可以令女性獲得尊嚴——「星級廚師」，並不只是電視上看到的那些，其實在很多家庭裏也埋藏着一位「星級廚師」。「Cook1Cook」就是希望能讓這些「星級廚師」有發揮的機會而成立。

此次，與四位「星級廚師」Sam Sam、Kelly Chong、Michelle Sun 及高太，還有「Bruno」攜手合作，設計多款簡易的一口小吃食譜，希望各位讀者看完後，能嘗試踏出第一步，試做看看。

希望這本書能令每一位讀者愛上或重新愛上料理，讓煮食變成一件美好的事！

Sam
Sam
Kitchen

烹飪中的樂趣 | Sam Sam

Sam Sam Kitchen：http://cook1cook.com/user/47527

曾經，想起要煮餸便會頭痛；曾經，只會把超市一包包醃好的餸往鍋裏蒸、往鑊內炒；曾經，是穿着時尚高雅的白領儷人，談的是工作和扮靚！都是那些年……統統都是那些年的事了！

現在，每天都在想着要煮甚麼菜式；現在，總愛尋找新意、發掘美味食譜；現在，逛街市成了每日的重要環節！轉變之大，不只朋友嘩然，連自己也想像不到！

自愛上烹飪，我便開始了在網上分享食譜。朋友都說我總是不厭其煩地去回覆留言，又毫不吝嗇給人鼓勵！是的。回覆留言，是一種互動，當中也包含了鼓勵和教學相長。有時我也會遇上一些不懂回答的問題，於是便上網找資料，或動動腦筋，自己想出解決方法再回應。而鼓勵，能給人一種動力去繼續努力和向前，正如我，就是由於有家人和朋友的鼓勵，才成就了今天的我。所以，希望我的鼓勵，也能夠帶給人正面的作用，讓大家可以從烹飪中發掘更多樂趣！

烹飪，由淺入深，當你做到簡易菜式，你可以再進一步去挑戰難度；烹飪，熟能生巧，多觀摩、多實戰，你便能掌握技巧，提升層次；烹飪，只要肯用心，一定能夠做得好，讓身邊人感受到那份暖暖情懷！

出版烹飪書對我來說，曾經是妙想天開、遙不可及的事，但今天夢想終於成真了。這本書，獻給熱愛烹飪的你，或者將會愛上烹飪的你！謝謝！

五香鹽酥雞

鹽酥雞是台灣流行小吃，酥香味美，有種令人難以抵擋的魅力。在家製作其實相當容易，作為派對小吃或茶點，一定非常受歡迎。

材料

無骨雞腿扒 .... 2 件

番薯粉 .... 適量

蒜鹽 / 椒鹽 .... 適量

醃料

蛋黃........................ 2 隻

蒜蓉 .... 3 湯匙

生抽 .... 3 湯匙

米酒 .... 1 湯匙

糖 .... 1/2 湯匙

五香粉 .... 2 茶匙

做法

1 雞扒洗淨、切塊，加醃料拌勻，放入雪櫃醃 3 小時以上，或醃過夜。

2 取出雞扒，每件均沾上番薯粉。

3 深鍋加適量油，以 MED 炸至金黃後盛起，待一會。

4 雞扒再回鑊翻炸一次，使其更香酥可口。

5 上碟，灑上蒜鹽或椒鹽即成。

泰式打拋豬

泰式打拋豬是泰國非常著名的料理，在當地可隨處吃到。這道菜式味道香濃，配飯最為合適，而配生菜則添上一份清新，非常開胃。

材料

免治豬肉 ....200 克

泰式青紅尖椒 ......1 湯匙

車厘茄 ....8 粒

九層塔葉 ....12 片

生菜 ....數片

蒜蓉 ....1 湯匙

紹酒 ....少許

調味料

牛抽 ,,.................2 湯匙

魚露 ....1 湯匙

青檸汁 ....1/2 湯匙

糖 ....1/2 茶匙

做法

1 將泰式青紅尖椒切碎或切圈、將每粒車厘茄切開四份，備用。

2 免治豬肉鋪放於平面烤盤中，不用加油，以 MED 煎一分鐘，逼出油分再翻炒。

3 再平鋪，煎一分鐘後，將其炒鬆！

4 加入辣椒碎、蒜蓉炒香，如有需要可酌量加少許油！

5 瓚酒，加調味料、九層塔葉，炒軟炒勻。

6 加上車厘茄，快炒 1 分鐘。

7 用生菜包起即可食用。

雙重芝士煙肉薄脆

餃子皮常常用剩，食之無味棄之可惜，這時可將它配合芝士和煙肉，便即時變身成為香脆小吃，必定讓大朋友、小朋友十分喜歡。

材料

餃子皮 .... 8 塊

煙肉 .... 1 片

馬蘇里拉芝士絲 ... 3 湯匙

巴馬臣芝士碎 ...... 2 湯匙

做法

1 煙肉切碎，備用。

2 在餃子皮鋪上煙肉、馬蘇里拉芝士絲，然後以另一塊餃子皮蓋上。

3 用桿麵棍桿壓餃子皮，使其黏實及變薄。

4 在烤盤上掃油，調 LOW 至 MED 的火力，再放入已壓的餃子皮。

5 撒上巴馬臣芝士碎，煎脆一面後，反一反，慢慢將兩面煎至金黃香脆！

6 切半、上碟，趁熱享用。

- -

窩心貼士

1 視乎餃子皮桿出來的大小，而決定用多用途烤盤還是平面烤盤。

2 蘸上芝士醬吃更滋味。

秘汁鴨舌雀巢

鴨舌是美味的小吃，也是開胃的頭盤。在餐廳吃一小碟，價格不便宜，
這菜式製作簡易，何不親自動手做呢？伴以秘製汁料，真讓人食指大動！

材料

急凍鴨舌 ....500 克

薑 .... 2 片

蒜頭 .... 1 個

甜麵醬 .... 1 湯匙

米酒 .... 1 湯匙

瑤柱蓉 / XO 醬 .... 2 湯匙

米粉 .... 適量

吉士粉 .... 適量

調味料

生抽 .... 1 1/2 湯匙

老抽 .... 1/2 湯匙

蠔油 .... 2/3 湯匙

糖 .... 2/3 茶匙

水 .... 1/2 碗

做法

1 蒜頭切片，備用。

2 鴨舌解凍去衣、修剪整齊，備用。

3 米粉用深鍋，以 HI 焓軟，盛起、印乾、剪細條，加入吉士粉拌勻上色。

4 於章魚燒烤盤塗上油，火力調至 MED，放入適量米粉，鋪成雀巢狀，用小匙羹按壓，待熟透成型，便取出備用。

5 深鍋加入水及薑片，以火力 HI 煮沸後，放入鴨舌，汆水 3 分鐘，盛起。

6 鴨舌以冷水「過冷河」，瀝乾！

7 以火力 MED 爆香蒜片，加入鴨舌和甜麵醬拌勻！

8 再加入調味料，以 MED 至 HI 之間的火力，汁炒至將近全收，濽酒兜勻！

9 將鴨舌放在米粉雀巢內，以瑤柱絲裝飾便完成。

窩心貼士

如果米粉雀巢只作盛器，便不用調味，否則可以撒些蒜鹽或海鹽一併享用，視乎需要。

沙茶乒乓魚蛋豬皮水魷

咖喱魚蛋是港式街頭小吃的表表者，幾乎無人不歡。以沙茶醬取代，辛辣度較低，味道較溫和，連小朋友都能接受。而將普通魚蛋換成大如乒乓球的魚蛋，吸睛度大增，再加上豬皮和水魷，受歡迎程度絕對「爆燈」！

材料

大粒炸魚蛋 .... 1 磅
豬皮 .... 1 塊
水魷魚鬚 .... 2 份
蝦乾 .... 10 隻
蔥 .... 2 棵

調味料

生抽 .... 1 湯匙
老抽 .... 1 湯匙
沙茶醬 .... 1 1/2 湯匙
糖 .... 1 茶匙
雞湯 .... 250 克
麻油 .... 少許
胡椒粉 .... 少許

做法

1 將豬皮、水魷魚鬚、魚蛋洗淨，放入深鍋氽水 3 分鐘，盛起備用。

2 將豬皮切方型，大小比魚蛋大些，水魷魚鬚切開一條條，備用。

3 蝦乾洗淨、浸軟、切成小塊，乾蔥頭切片，蔥切段，備用。

4 深鍋下油，火力調為 MED 至 HI，爆香蝦乾、乾蔥頭、蔥。

5 加入豬皮、水魷魚鬚，翻炒一會。

6 加入調味料，煮沸。

7 加入魚蛋，火力轉 LOW 至 MED 炆至入味、汁濃即可。

窩心貼士

嗜辣的，可以將沙茶醬改成麻辣醬或咖喱，變化可以很多。

小花盆

小花盆外型小巧可愛，用腩肉片做出來盛放花兒嬌美迷人，相信任何人見到都會眼前為之一亮，愛不釋手。花盆位置是用白飯和燒汁做的，底部有着飯焦的香脆，分外令人垂涎欲滴。

材料

腩肉片 .... 12 片

粟米粒 .... 12 粒

白飯 .... 2/3 碗

海苔粉 .... 適量

日式燒肉汁 .... 適量

做法

1 日式燒肉汁混少許油，掃在章魚燒烤盤，調至 LOW 至 MED 火力。

2 將飯放入其中六格烤盤內，再用小匙羹按壓成半球形，間中輕力轉動，讓飯底脆硬，成型後取出，撒上海苔粉。

3 同時，在其中一兩格放入粟米粒，加上少許燒汁煮熟。

4 同時，利用其中六格，將腩肉片捲成花形放入，烤熟。

5 最後，將腩肉花放在飯上，花中心放一粒粟米，再淋些日式燒肉汁即成。

窩心貼士

1 飯不宜太軟。

2 腩肉片需切成適合大小。

迷仔荷葉飯

素來荷葉飯廣受歡迎，將炒飯用荷葉包起再蒸，每一口飯都夾雜着荷葉的清香，令人難以抗拒。

材料

乾荷葉 .... 3 塊
白飯 .... 2 碗
乾冬菇 .... 3 隻
蝦乾 .... 6 隻
瑤柱 .... 3 粒
臘腸 .... 1 條
雞蛋 .... 1 隻
蒜蓉 .... 1 湯匙
鹽 .... 少許
蔥 .... 1 條

汁料

生抽 .... 3/4 湯匙
老抽 .... 1/4 湯匙
蠔油 .... 1/2 湯匙
麻油 .... 少許
鹽 .... 少許
糖 .... 少許
胡椒粉 .... 少許
水 .... 1 湯匙

做法

1 蝦乾、瑤柱、乾冬菇，浸軟，備用。

2 乾荷葉剪半，汆燙 2 分鐘或至軟，取出瀝乾，備用。

3 蔥切粒、蝦乾切粒、瑤柱拔絲、冬菇去蒂切粒、臘腸去衣切粒，備用。

4 深鍋以火力 MED，將雞蛋加鹽，炒成蛋碎！

5 深鍋下油，以 MED 至 HI 的火力爆香蒜蓉，加入臘腸、蝦乾、瑤柱、冬菇兜炒幾分鐘。

6 加入汁料、白飯和蛋碎兜炒。

7 將適量的飯（不宜太軟）放置在荷葉中央包好，備用。

8 深鍋注水，以火力 HI 煮沸後，放入蒸架及荷葉包，蓋上以火力 MED 蒸 30 分鐘。

9 打開荷葉，撒上蔥花即成。

煎釀秋葵

秋葵營養價值高，但很多人不喜歡其黏滑的感覺。用了這個煮法，滑潺潺的感覺頓減，而且非常易入口和美味。

材料

秋葵...........................8 條

鯪魚滑 ....150 克

生粉.......................2 湯匙

辣椒豉油 / 甜豉油......隨意

做法

1　秋葵洗淨，切去部分頭部，再從側面切開。

2　釀入適量魚滑，輕輕按實，撲上一層薄薄的生粉。

3　平面烤盤下少許油，以 LOW 至 MED 火力，煎熟釀秋葵。

4　盛起後，蘸辣椒豉油或甜豉油吃。

流心芝士肉鬆蛋卷

這款蛋卷既可以做早餐，也可以做茶點或者派對小吃，超級簡單易做；而使用了總統牌輕怡芝士片，令蛋卷更為有益健康！

材料

總統牌輕怡芝士片 ......2 片

雞蛋 ....3 隻

鮮奶 ....2 湯匙

紫菜豬肉鬆 ....2/3 碗

做法

1 雞蛋打發，加奶拌勻。

2 將油均勻地掃於平面烤盤上，火力調校至 LOW 至 MED 之間，將烤盤燒熱。

3 烤盤燒熱後，倒入蛋汁，煮至稍稍凝固。

4 在蛋的一邊加上紫菜豬肉鬆，再鋪上芝士片。

5 慢慢捲起蛋，切件即可食用。

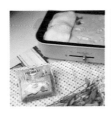 

窩心貼士

完成後要趁熱吃，不然就沒有流心效果了。

斑蘭咖央西多

西多士是茶餐廳美食，由法國傳入；而斑蘭咖央西多，是由傳統馬來西亞的美食斑蘭咖央與港式西多士的結合，質地鬆軟，香甜四溢。

材料

方包........................ 4 片

雞蛋........................ 2 隻

斑蘭咖央醬 .... 適量

花生醬 .... 適量

黃金糖漿 / 煉奶 ...... 適量

做法

1 方包去邊，塗上適量斑蘭咖央醬，另 片蓋上，再一開四。

2 雞蛋打發，將多士浸入蛋汁內。

3 將多士取出，放入深鍋，以火力 MED 炸至金黃，盛起。

4 塗上花生醬，再淋上黃金糖漿或煉奶即可。

芝士煙肉麵包烘蛋

這是一道非常隨意，卻不失美味的親子食譜，可以隨意讓小朋友參與，讓他們把食材隨意撕成小塊，隨意加入及擺放在烤盤內，烘成之後美味非常，快來做做這率性隨心的小點吧！

材料

方包...................... 2 片

煙肉...................... 2 片

雞蛋...................... 4 隻

芝士...................... 2 片

鹽 ....適量

黑胡椒碎................適量

做法

1　方包去邊，撕成小塊，備用。

2　煙肉、芝士，隨意撕小塊，備用。

3　蛋打成蛋汁，備用。

4　於章魚燒烤盤塗上油，火力調至 MED，隨意放入方包、煙肉，注入蛋汁。

5　鋪芝士碎，撒上鹽、黑胡椒碎，烤熟即可。

- - - - - - - - - - -

窩心貼士

食材可以很多元化，可以自由選配一些易熟快熟的，如蟹柳、罐頭吞拿魚或粟米等，創造出自己喜歡的口味。

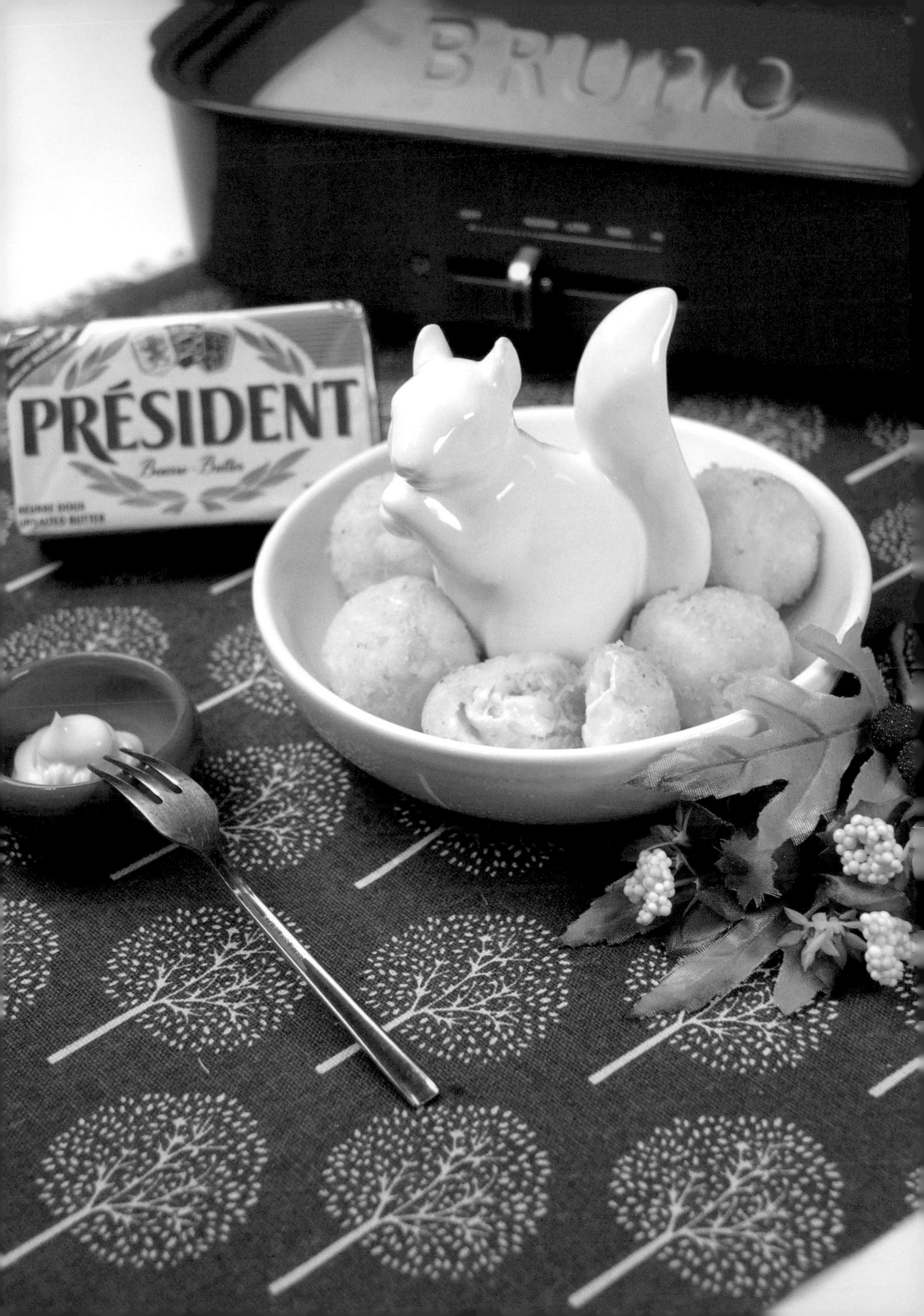
BRUNO
PRÉSIDENT

蝦多士波波

蝦多士一般為方型或三角型，而這款波波造型創新又可愛，小朋友們一定非常喜愛，加上用了總統牌無鹽牛油，令其香味、層次更佳！

材料

總統牌牛油 .... 適量

蝦滑 .... 1/2 斤

雞蛋 .... 1 個

方包 .... 2 片

麵包糠 .... 適量

做法

1　雞蛋打發，備用。

2　方包去皮，塗上牛油，每塊切成九小塊。

3　將蝦滑平均放在小方包塊上，輕搓成丸子狀。

4　丸子先後沾上蛋汁及麵包糠，備用。

5　於章魚燒烤盤塗上油，火力調校至 LOW 至 MED 之間，燒熱烤盤。

6　將丸子放在烤盤烘烤，並需不時轉動丸子至脹起並呈金黃色，成蝦多士即可。

窩心貼士

不要上碟便立刻吃，否則可能會因中心部分太熱而燙着了。

Love
Kelly's
Kitchen

新生命帶來轉變 | Kelly Chong

Love Kelly's Kitchen：http://cook1cook.com/user/62961

　　二零一三年九月，是我人生的一個轉捩點，期待了十個月的小女孩終於出生了！囡囡的來臨，令我忽然想到，以前當秘書的我，無論上班下班，都要整日處於緊張狀態，完全沒有輕鬆地過生活，難道以後還要繼續這樣過活嗎？想到可以陪伴小朋友一起成長、照顧家人的健康生活，我決定辭職了。

　　當一個全職主婦，過程沒有想像中順利，而是比想像中辛苦——比起上班，更是加倍的辛苦。由每天早上六點起床準備囝囝的午餐飯盒，忙碌至晚上，甚至是凌晨。最初，有時都會粗心大意，造成不少疏忽，例如煮完菜發現忘記煲飯，哈哈哈！不過，我還是樂在其中。當然，人是會不停去學習、改變，以及適應的，最後我一定會克服。每天進入廚房，就是我最大的樂趣。可惜，逗留時間是有限的，因為還需要抽出時間陪伴囝囝及囡囡，所以我就開始思考——要用最快、最方便、最簡單的方法，煮好每一道菜式。

　　我將食譜上載到 Facebook 專頁，就是想給大家知道，烹飪絕對是任何人都可以做得到，亦可以做得好的！我們這個年代，比老一輩好，至少有各式各樣的烹煮器具，既能幫助我們節省時間，又可煮出好吃的菜式，就像今次為大家介紹的「Bruno」，利用其方便、簡單，以及多用途既特色，煮出不同的小吃。當然，除了這本食譜的菜式之外，「Bruno」還有更多不同的烹煮方法，我們還要慢慢學習……

　　最後，非常高興，專頁成立不足兩年時間，就得到「Cook1Cook」的邀請，跟幾位 bloggers 合作出書，非常感謝「Cook1Cook」、研出版及「Bruno」對我的信任和支持，令我可以輕鬆地完成這本食譜。未來的日子裏，希望繼續發掘更多美食，跟大家分享！

兩味蒸飯

迷 你 蒸 飯 ， 一 鍋 滿 足 兩 個 願 望 ， 簡 單 又 豐 富 ！

蟲草花蒸雞飯 |

材料

急凍雞髀 .... 1 件
蟲草花 .... 1 湯匙
米 .... 160 克

調味料

油 .... 少許
生抽 .... 1 湯匙
紹興酒 .... 1/2 茶匙
生粉 .... ,....... 1 茶匙

蒜蓉蒸排骨飯 |

材料

腩排 .... 1 條
蒜頭 .... 1 粒
米 .... 160 克

調味料

生抽 .... 1 湯匙
糖 .... 1 茶匙
生粉 .... 1 茶匙
油 .... 少許
水 .... 少許

做法

1 急凍雞髀解凍，洗淨切件，用調味料醃 30 分鐘；蟲草花洗淨，用水浸軟。備用。

2 腩排洗淨，切件，用調味料醃 30 分鐘；蒜頭切碎。備用。

3 白米洗淨，放入細盅加入適量水。

4 將一條毛巾放在深鍋內，加水，以火力 HI 烹煮。

5 水沸後，放入兩盅白米，調至火力 HI，再蓋上蓋蒸 5 分鐘。

6 開蓋，放入材料，繼續以 HI 蒸 5 分鐘，再轉 MED 至 LOW，蒸 10 分鐘。

7 關火，焗 5 分鐘便完成。

章魚燒烤盤 | 陶瓷深鍋 | 30 分鐘 | 4 人

芝士番茄肉丸長通粉

煮意粉時加入芝士碎，能令味道更為香濃，再配上番茄，使口感更佳，吃起來一點也不會膩。

肉丸材料（約 12 粒）

豬肉碎 .... 200 克

牛肉碎 .... 200 克

麵包糠 .... 25 克

鹽 .... 2 茶匙

黑椒碎 .... 少許

材料

長通粉 .... 200 克

番茄 .... 2 個

番茄膏 .... 150 克

蒜頭 .... 4 瓣

水 .... 適量

調味料

糖 .... 2 茶匙

鹽 .... 少許

橄欖油 .... 少許

黑椒碎 .... 少許

芝士碎 .... 適量

做法

1 番茄切粒，蒜頭切粒，備用。

2 將兩款肉碎拌勻，再加入麵包糠、鹽和黑椒碎攪拌，略醃。

3 深鍋下水，以 HI 火力將水煮沸，加入通粉，以 MED 煮 7 分鐘，盛起備用。

4 章魚燒烤盤下油，用 HI 火熱盤，每格加入 1 湯匙肉碎，約 2 分鐘後反一反再烤煮 2 分鐘，然後轉 MED 至 LOW 火力，再煮 4 至 6 分鐘至熟透，盛起備用。

5 深鍋加少許橄欖油，調至火力 HI，爆香蒜粒，再加入番茄粒、番茄膏、水和調味料炒勻。

6 加入長通粉炒勻後，放入肉丸、芝士碎，蓋上蓋，以 LOW 至 MED 火煮 5 分鐘即成。

窩心貼士

選用半肥瘦的豬肉，煮出來的肉丸更美味，口感更好。

日式鰻魚牛蒡蓋飯

自製高湯無味精，簡易煮出日式蓋飯。

材料

急凍熟鰻魚 .... 1 條

牛蒡 .... 40 克

紅蘿蔔 .... 50 克

鮮冬菇 .... 2 隻

米 ....240 克

蔥 .... 1 條

湯底材料

昆布 .... 2 片

沙甸魚乾 .... 15 克

水 .... 600 毫升

鹽 ....少許

做法

1　昆布浸水 15 至 20 分鐘至軟，蔥切粒，備用。

2　用刀背削走牛蒡外層的泥污，洗淨刨絲，備用。

3　紅蘿蔔去皮刨絲，鮮冬菇切片，備用。

4　深鍋下水煮沸，加入昆布和沙甸魚乾，蓋上蓋，以火力 MED 煮 5 分鐘後，轉 LOW 再煮 5 分鐘，然後撈起昆布和沙甸魚乾；高湯備用。

5　將米、牛蒡絲、紅蘿蔔絲和冬菇片，加入高湯內，蓋上蓋，以火力 HI 煮 4 分鐘。

6　加入鰻魚在飯面，再蓋上蓋以 MED 火力煮 10 分鐘後，轉用 LOW 繼續煮 5 分鐘。

7　關火，開蓋，灑上蔥花即成。

牛肉豆腐芝士薯仔餅

豆腐能配合很多菜式烹調，將豆腐加入薯仔餅的製作中，能令營養更豐富。

材料

免治牛肉.............120 克

薯仔.....................350 克

硬豆腐...................1 件

雞蛋.......................1 隻

洋蔥....................1/2 個

粟粉.....................3 湯匙

鹽..........................適量

芝士碎...................適量

黑椒碎...............適量

調味料

鹽........................1 茶匙

糖........................1 茶匙

油...........................少許

水...........................少許

做法

1　免治牛肉加入調味料攪拌，醃 30 分鐘。

2　洋蔥切粒，備用。

3　豆腐以廚紙吸走多餘水分，再用叉壓碎，備用。

4　薯仔去皮切絲，用廚紙吸走多餘水分後，加入鹽及黑椒碎拌勻，備用。

5　平底烤盤下油，以火力 HI 熱鍋，爆香洋蔥，再倒入免治牛肉炒香，盛起。

6　將所有材料拌勻，在多用途烤盤每一格都掃上油，以火力 HI 熱鍋後，放入材料，煎香兩邊後，火力轉 MED 至 LOW，煎至熟透便成。

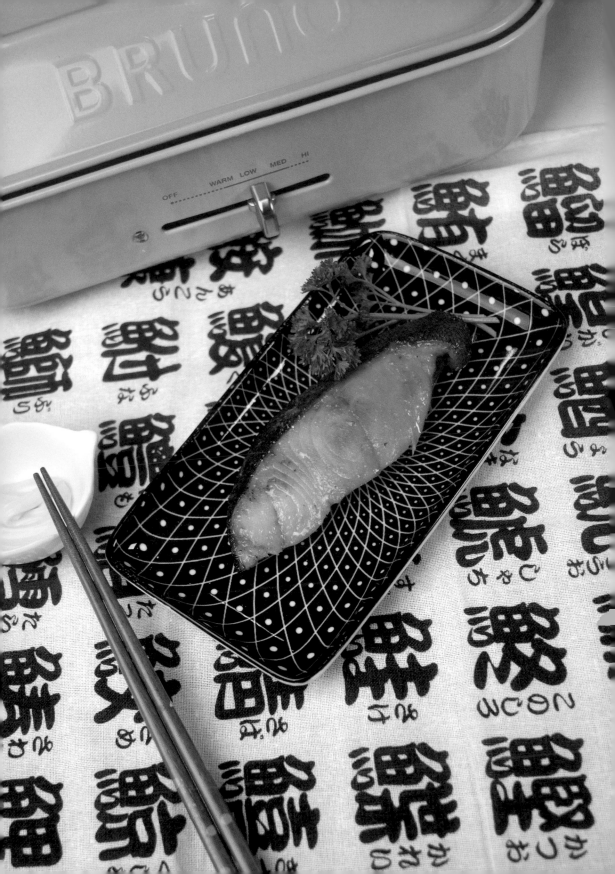

西京燒銀鱈魚

燒銀鱈魚只可在日式餐廳品嚐到？只要花點心思，在家都可以輕鬆煮到。

材料

銀鱈魚 .... 2 件

醃料

白味噌（麵豉）... 1 湯匙

味醂 .... 1 湯匙

料理酒 .... 1 茶匙

糖 .... 1 茶匙

麻油 .... 少許

做法

1　銀鱈魚解凍，用廚紙吸乾水分。

2　將醃料倒入密實袋攪均，再放入銀鱈魚醃 2 日。

3　取出銀鱈魚，抹走表面的醃料。

4　平面烤盤下油，以火力 HI 熱鍋，將魚煎至熟透即成。

窩心貼士

如沒有料理酒，可使用米酒代替。

香草蒜蓉包

蒜蓉包自小便是我的至愛，做法簡易，適合親子在假日一起製作，小朋友一定吃得很開心。

材料

厚切白麵包 .... 6 片

蒜頭 .... 3 個

牛油 .... 30 克

香草 .... 適量

鹽 .... 少許

做法

1　蒜頭用蒜蓉夾壓成蓉，備用。

2　預備平底烤盤，調至火力 MED 熱鍋，加入牛油及鹽至溶化，轉 LOW。

3　放入蒜蓉炒香，盛起備用。

4　將厚切白麵包用圓型模具（直徑約 3.5 吋）切成圓形，塗上已炒香的蒜蓉醬，放在多功能烤盤內，用 LOW 烘 2 分鐘至呈金黃色，再烘另一邊。

5　最後灑上香草，即可食用。

黑松露芝士素牛肉焗啡菇

素食都可以很滋味，再加上少許黑松露作點綴，令食物升價百倍。

材料

啡菇 .... 6 粒

素牛肉碎 .... 100 克

芝士碎 .... 適量

黑松露 .... 適量

岩鹽 .... 少許

黑椒碎 .... 少許

做法

1 啡菇洗淨，用廚紙吸乾水分，備用。

2 將素牛肉碎及芝士碎放在啡菇上，灑上岩鹽和黑椒碎。

3 平面烤盤掃上油，用火力 HI 熱鍋，放入啡菇。

4 蓋上蓋，以火力 MED 焗煮 3 分鐘，再轉 MED 至 LOW，焗煮 4 分鐘即成。

琵琶豆腐小丸子

平時吃琵琶豆腐都會以半煎炸形式去做，用油比較多，用章魚燒烤盤去製作，只需掃上少許油，已經可以輕易完成，一口一粒，非常美味！

材料（約 11-12 粒）

硬豆腐 .... 1 件

魚肉.....................150 克

鮮冬菇 .... 2 粒

臘腸 .... 1/2 條

芫茜 .... 1 棵

蔥 .... 1 條

調味料

鹽 ....1 茶匙

生粉.....................3 茶匙

胡椒粉 ....少許

做法

1 鮮冬菇洗淨，切粒；臘腸洗淨，切粒；芫茜洗淨，切碎。備用。

2 豆腐用廚紙吸乾水分，壓碎，備用。

3 所有材料加入調味料，拌匀。

4 章魚燒烤盤掃上油，熱盤後將材料放在格子上，先用 HI 烤 2 分鐘，再轉另一面，用 MED 烤 2 分鐘，最後調至 LOW，平均地反轉烤煮約 6 分鐘，至熟透即成。

瑞士雞翼

雞翼的煮法變化萬千，而瑞士雞翼，最重要的是醬汁，只需 30 分鐘，在家都能煮出餐廳的味道！

材料

雞翼..................... 15 隻

醬汁材料

生抽.................. 50 毫升

老抽............... 130 毫升

冰糖..................... 70 克

雞粉................... 1 湯匙

水 .... 350 毫升

做法

1　將一鍋水煮沸，後將雞翼倒入焓一焓盛起。

2　用冷水沖一沖雞翼，並以冰塊過冷河。

3　深鍋下所有醬汁材料，用火力 HI 烹煮至沸騰。

4　放入雞翼，繼續以 HI 烹煮，沸騰後轉 MED 至 LOW，繼續炆 12 分鐘便完成。

窩心貼士

過冷河一定不可缺少，可以令到雞翼外皮更滑。

PRÉSIDENT

Crème
Entière
Whipping Cream

200 mL

OFF WARM LOW MED HI

白酒忌廉蒜蓉藍青口

藍青口肉質嫩滑，並帶點鹹味，配以白酒及淡忌廉一同烹調，味道有淡淡的酒香，為宴客之選！

材料

總統牌淡忌廉 .... 200 毫升

藍青口 .... 600 克

白酒 .... 100 毫升

洋蔥 .... 1/4 個

蒜頭 .... 4 瓣

黑椒 .... 適量

橄欖油 .... 適量

鹽 .... 少許

做法

1 洗乾淨藍青口，並拔走殼上的雜草，備用。

2 蒜頭切粒、洋蔥切粒，備用。

3 深鍋下橄欖油，火力調至 HI，熱鍋。

4 爆香洋蔥及蒜粒，並加入藍青口、白酒、淡忌廉、鹽和水兜均。

5 將藍青口煮至開口，加入少許黑椒即成。

窩心貼士

藍青口本身帶有海水鹹味，切勿清洗得太久，否則容易失掉鹹味；製作時，不需下太多鹽調味，以免蓋過原本的鮮味。

螞蟻上樹

以平凡的材料，用 15 分鐘煮出一道惹味的家常小菜！

材料

豬肉碎 .... 100 克

粉絲.............. 100 克

指天椒 .... 1 隻

蒜頭.................. 1 粒

紅蔥頭 .... 1 個

蔥 .... 1 條

調味料

蠔油................ 2 湯匙

生抽................ 1 湯匙

豆瓣醬 .... 1 湯匙

糖 .... 1 茶匙

清雞湯 .... 100 毫升

醃料

生抽................ 1 湯匙

糖 .... 1 茶匙

油 .... 少許

水 .... 少許

做法

1 指天椒、蒜頭、紅蔥頭、蔥切粒，備用。

2 肉碎與醃料拌勻，醃 15 分鐘，備用。

3 粉絲以熱水浸軟，備用。

4 平面烤盤下油，以火力 HI 熱盤後，爆香紅蔥頭，再放入已醃的肉碎，炒至九成熟。

5 火力調 MED 至 LOW，加入粉絲及調味料一齊拌勻，煮到差不多乾水，加入蔥花便完成。

窩心貼士

用半肥瘦的肉碎煮，口感更滑。

番茄薯仔紅蘿蔔蜆湯

番茄、薯仔、紅蘿蔔，除了可以用來煲湯之外，配以蜆煮湯亦是「快、靚、正」之選！

材料

沙蜆......................1 斤

番茄......................1 個

薯仔......................1 個

紅蘿蔔...................1 條

水...................500 毫升

清雞湯...........250 毫升

鹽.,,......................少許

做法

1 以水、少許鹽及一支鐵羹浸蜆，讓其吐沙，再用水洗一洗外殼，備用。

2 紅蘿蔔去皮切粒，番茄、薯仔切粒，備用。

3 深鍋以 HI 火力將清雞湯、水煮沸後，放入番茄、薯仔、紅蘿蔔，煮 8 分鐘。

4 火力轉為 MED 至 LOW 之間，煲 10 分鐘。

5 火力轉回 HI，加入蜆，煮至開口後，加少許鹽便完成。

窩心貼士

浸蜆時加上鐵羹，可以令沙蜆將沙吐得更徹底！

戀上
味覺

為環保出一分力 ｜ Michelle Sun

戀上味覺：http://cook1cook.com/user/26674

幸福地得到「Cook1Cook」及研出版的賞識，獲邀與多位煮食達人一同出版食譜，希望透過「Bruno」，設計出有特色而又容易掌握的食譜，讓讀者們能煮出美味的菜式。

為了吃得更健康，在菜式選材上，注入了更多蔬果元素，務求令菜式更清新；亦在當中發現，選用素食食材，能減少地球的碳排放量。所以，現在每星期一都會分享一篇素食食譜於Facebook專頁，讓注意健康人士及素食者有多一個參考，亦希望能藉此推動大家注意環保，為地球出一點力。

藉這個機會，簡單跟大家分享我的宴客心得。首先，我會擬定一份菜單，包括人數及食物種類，而菜式的煮法可包括冷盤、炆、焗、炒、煮、燉、炸，及甜品等，善用各種煮食工具，以達到最佳效果。以下的煮食小貼士供參考，希望大家能輕鬆地煮出美味的派對小吃。

冷盤：焓熟拌勻醬料冷藏即可，如胡麻醬四季豆、雞絲粉皮、韓式涼拌大豆牙、麻辣三絲等。

炆　：早一天烹煮好，當天翻熱即可，如鹵水牛腱、鮮茄燴牛尾、茶香豬手、糖醋排骨、燴肉丸等。

焗　：早一天醃製好，當天烤焗好，客人到時翻熱即可，如叉燒、燒肉、豬肋骨及薄餅等。

炒　：宜選簡單食材，一炒即熟，如 XO醬菠蘿炒飯、麻辣小炒皇、泰式炒蜆等。

煮　：宜親友到場即煮，如三杯雞、白酒煮藍青口、青醬帶子長通粉等。

炸　：可先準備好，人齊了即炸，如馬介休丸子、脆麵杯、春卷、雞翼等。

甜品：宜先燉煮好，需要時加熱或放上水果，如麵包布甸、焦糖燉蛋、鮮果班戟等。

泰式香辣肉碎麵丸子

用泰式配料煮成的香辣肉碎，味道酸酸辣辣，令人胃口大增；配上香脆的麵丸子，更是佐酒小吃之選。

材料

免治豬肉 .... 200 克

香茅 .... 1 支

乾蔥 .... 2 粒

檸檬葉 .... 3 片

指天椒 .... 1 隻

芫茜 .... 6 棵

青檸汁 ,......... 1 湯匙

蝦子麵 .... 3 個

醃料

麻油 .... 1 茶匙

魚露 .... 1 湯匙

糖 .... 1 湯匙

做法

1 香茅、乾蔥、檸檬葉、指天椒、芫茜，洗淨切碎，備用。

2 先用醃料醃豬肉 1 小時。

3 深鍋下半鍋水，以火力 HI 將水煮沸。

4 煮熟蝦子麵盛起，加入 1 湯匙麻油拌勻，放涼。

5 章魚燒烤盤每格加入少許油，以火力 MED 預熱約 4 分鐘後，將小撮蝦子麵放入格內炸至香脆，放涼備用。

6 深鍋下油，以火力 MED 預熱約 4 分鐘後，將乾蔥炒香，再加入免治豬肉炒至七成熟。

7 加青檸汁、香茅、指天椒、檸檬葉及芫茜炒勻。

8 將泰式肉碎放入小杯中，拌麵球進食即可。

窩心貼士

1 可按個人口味增減指天椒數量。

2 炸好的麵丸子放涼後會更香脆。

3 香茅只取用白色較幼嫩部分。

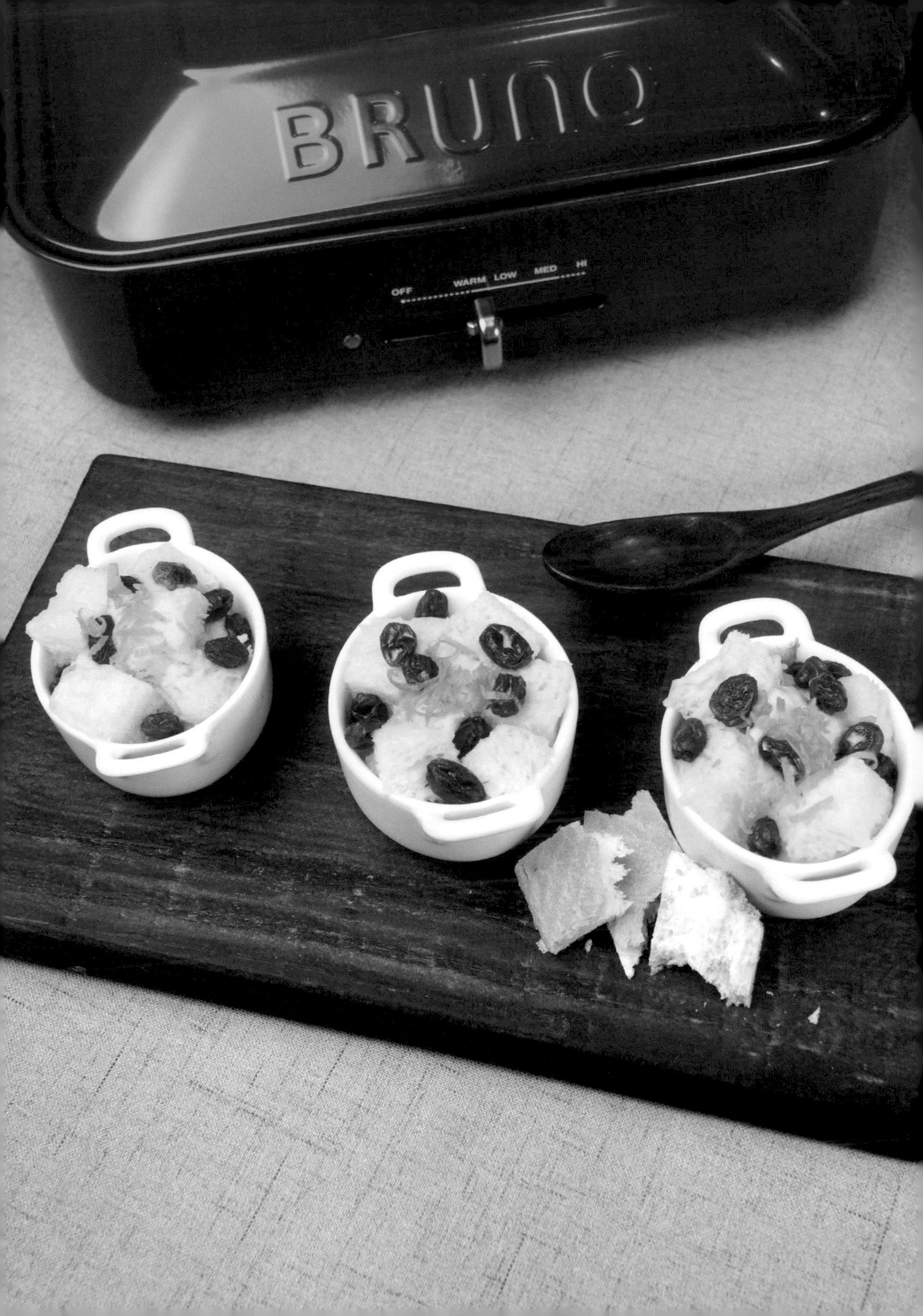
BRUNO
OFF
WARM
LOW
MED
HI

麵包布甸

麵包布甸是大小餐廳、酒店都會做的西式甜品，只要加入乾果及果皮豐富其味道，便可令平凡變得不平凡。

材料

白麵包 .... 2 片

牛油...................... 適量

雞蛋...................... 2 隻

煉奶 .... 30 克

清水 .... 90 毫升

提子乾 .... 3 湯匙

橙皮絲 .... 少許

做法

1 白麵包去皮，塗上牛油後切小粒，備用。

2 煉奶與清水拌勻，再加入雞蛋拌勻。

3 將麵包粒、橙片絲及提子乾平均放入小盅內。

4 將牛奶蛋液倒進小盅內，讓麵包吸滿牛奶。

5 深鍋加入少量水，以火力 LOW 預熱約 5 分鐘。

6 將小盅放入深鍋中，蓋上蓋子燉煮 8 至 10 分鐘，最後灑上橙皮絲即可。

- -

窩心貼士

1 可按個人口味改用檸檬皮。

2 可改用奶粉開成牛奶取代煉奶，讓幼兒吃。

3 牛油可按個人口味決定是否塗上。

照燒廣島蠔

廣島蠔肉身較厚及飽滿，肉質鮮甜，口感滑溜，只要簡單以照燒汁及檸檬汁烹煮，就能煮出其甘香及鮮味。

材料

廣島蠔 .... 8 隻

粟粉 .... 3 湯匙

醬汁

照燒汁 .... 4 湯匙

檸檬汁 .... 1 湯匙

做法

1　廣島蠔每面沾上少許粟粉。

2　多用途烤盤每格加入少許油，以火力 MED 預熱約 4 分鐘後，放上廣島蠔，每面煎 2 分鐘。

3　將醬汁掃在廣島蠔上，再每面分別煮 2 分鐘即可。

窩心貼士

廣島蠔出口時已清洗，所以由雪櫃取出即可使用。

芒果拿破崙

芒果拿破崙是很受歡迎的甜點，用電鍋將酥皮烤焗至鬆化，以細滑綿密的吉士醬作夾心，再配上新鮮芒果，層次豐富，定必大受歡迎。

材料

即用酥皮 .... 2 片

吉士粉 .... 80 克

芒果 .... 2 個

牛奶 .... 200 毫升

糖霜 .... 少許

做法

1 將即用酥皮回溫至略為軟身，切成 16 小片，在表面塗上薄薄的牛油。

2 火力調至 WARM，用叉子在酥皮上插上多個小洞。

3 酥皮放入平底烤盤，火力調至 LOW，蓋上蓋子，兩面分別烤焗 8 分鐘，放涼備用。

4 將牛奶加熱至微暖，與吉士粉快速拌勻至濃稠成吉士醬，冷藏備用。

5 取出吉士醬，擠入酥皮上，再放上芒果粒，灑上糖粉即可。

窩心貼士

1 吉士醬冷藏前需以保鮮紙封好，冷藏後才可使用。

2 烘好的酥皮需放涼後才能加入吉士醬，否則會不鬆脆。

香檸蓮藕小丸子

素食者可選用由紅菜頭及椰子油製成的 Beyond Burger 漢堡扒製作丸子，其口感跟真肉丸相似，既清新又美味。

材料

Beyond Burger 漢堡扒......2 片
甘荀...........................100 克
蓮藕...........................150 克
紫洋蔥 ....1/2 個
紅腰豆 ....100 克
粟米粒 ....100 克
水 ....50 毫升

調味料

鹽 ....1 茶匙
糖 ....1 茶匙
黑椒碎 ....1/2 茶匙
粟粉....................2 湯匙
麥皮 ....2 湯匙
檸檬皮 ....1 湯匙
檸檬葉碎............1 茶匙
麵包糠 ....3 湯匙
麻油................. 1 湯匙

做法

1 將甘荀、蓮藕、紅腰豆，以攪拌機攪拌成粒狀，備用。

2 加入 Beyond Burger 漢堡扒、粟米粒、紅腰豆，及調味料，拌勻成肉醬。

3 將素肉醬搓成丸子。

4 章魚燒烤盤掃上少許油，以火力 MED 預熱約 4 分鐘，加入丸子。

5 將丸子烤至半凝固，翻動一下，烤至熟透即可。

窩心貼士

1 Beyond Burger 漢堡扒可於素食超市購買，如非素食者可使用 300 克免治牛肉取代。

2 加入檸檬皮可使小丸子香氣更清新。

3 可按個人喜好選擇用半煎炸或烤焗的方法烹煮。

煙三文魚沙律脆杯

三文魚含豐富蛋白質，具有益心血管的奧米加 3，用以製成沙律，配上芥末籽及蒔蘿，味道清新，頓成開胃美味小吃。

材料

煙三文魚...........2 片
青蘋果 ....1 個
馬鈴薯 ....1 個
雞蛋...................2 隻
杏仁碎 ....3 湯匙
粟米粒 ....50 克
蒔蘿................. 少許
廣東雲吞皮 ....4 兩

醬料

蛋黃醬 ....5 湯匙
芥末籽 ....1 湯匙

做法

1 雲吞皮用模具切成直徑 6 厘米的圓型。

2 章魚燒烤盤下油，以火力 LOW 預熱約 5 分鐘。

3 將雲吞皮放入烤盤內，每格一片，烤 3 至 4 分鐘。

4 用小湯匙將雲吞皮稍加按壓成小杯狀，放涼成脆杯，備用。

5 馬鈴薯及雞蛋焓熟，放涼後切成小粒。

6 青蘋果去皮切成小粒。

7 將 5 及 6 的材料，與杏仁碎、粟米粒，及醬料，一起拌勻。

8 將沙律餡放入脆杯內。

9 將煙三文魚切小片，放在沙律上，撒上蒔蘿裝飾即可。

窩心貼士

1 沙律餡料可按個人口味使用不同食材。

2 蒔蘿有一股芳香的香草味，可作小吃的點綴，吃起來更是別有一番風味。

3 宜選用黃色的廣東雲吞皮，用小湯匙按壓，可使其更快定型。

鮮茄忌廉燴蜆通粉

蜆是一種低熱量、高蛋白的理想食品,肉質鮮美無比,只要材料新鮮,簡單幾個步驟,便可煮出美味可口的菜式。

材料

鮮蜆.............. 200 克

通粉.............. 200 克

番茄.................. 3 個

露筍.................. 1 盒

洋蔥.................. 1 個

蒜頭.................. 1 個

紅椒粒 .... 少許

黃椒粒 .... 少許

調味料

鹽 ....1 茶匙

糖 ....1 茶匙

忌廉.................1 盒

水 ....500 毫升

黑椒碎 ....1 茶匙

牛油...............1 小片

百里香 .... 少許

做法

1 番茄洗淨切粒,露筍洗淨切小段,蒜頭洗淨切粒,洋蔥洗淨切絲,備用。

2 深鍋下水,以火力 HI 煮沸後,下通粉略煮,盛起瀝乾,備用。

3 深鍋下少許油及牛油,以火力 HI 預熱約 5 分鐘,炒香蒜蓉、洋蔥,及紅黃椒粒。

4 加入番茄粒、露筍炒一會。

5 將通粉加入,炒勻後加水,蓋上蓋子煮 7 分鐘。

6 溫度調至 MED,加入鮮蜆及調味料,烹煮 8 分鐘至蜆全開口。

7 最後,加入忌廉及灑上百里香,拌勻即可。

窩心貼士

1 可按個人口味選用藍青口取代蜆。

2 加入忌廉可令口感更香滑。

3 可按個人口味加入辣椒粉。

味噌柚子雞翼

味噌含益生菌及植化素，具一定保健效用；柚子醬
味香濃清甜，含有豐富維生素 C 及纖維。兩者混
和烹煮雞翼，既鹹香又清新，為菜式添上新口味。

材料

雞翼..................... 12 隻

醃料

減鹽味噌............. 2 湯匙

柚子蜜 .... 60 克

做法

1　雞翼解凍，洗淨抹乾，備用。

2　將所有醃料拌勻，加入雞翼拌勻，醃最少 4 小時。

3　平面烤盤，以火力 MED 預熱約 5 分鐘，下油將雞翼煎至熟透呈金
　黃色。

4　將醃雞翼的醬汁回鍋，與雞翼炒勻即可。

窩心貼士

1　可按個人需要將雞翼切半成單骨雞翼，方便食用。

2　減鹽味噌可於日式超市購買。

迷你水果撻

用不同鮮果製成迷你水果撻,鮮艷奪目的顏色令人垂涎欲滴,宴客亦十分得體,必然成為派對上的焦點。

材料

即用酥皮 .... 1 片

藍莓 .... 20 粒

草莓 .... 4 粒

哈蜜瓜 .... 1 片

金奇異果 .... 1 個

吉士粉 .... 40 克

牛奶 .... 100 毫升

果膠 .... 少許

糖霜 .... 少許

做法

1 所有水果切成小粒,備用。

2 將即用酥皮回溫至略軟,用圓型模在酥皮上印出撻底。

3 將撻底皮放入章魚燒烤盤內,調至火力 WARM,再用叉子在撻底插上多個小洞。

4 火力調至 LOW,蓋上蓋子烤焗 14 分鐘後,盛起撻底,放涼備用。

5 牛奶用微波爐加熱至微暖。

6 將牛奶與吉士粉快速拌勻至濃稠狀成吉士醬,放涼後冷藏,備用。

7 將吉士醬擠入撻底內,然後加入水果,再塗上果膠及灑上糖霜裝飾即可。

窩心貼士

1 因 Bruno 周邊的熱力稍低,烤焗期間可將撻底轉換位置烤焗。

2 可按個人口味使用不同水果。

3 一片即用酥皮可製 16 個撻底。

薑糖蝴蝶酥

生薑能祛風散寒，而紅糖更有中和燥熱之用，兩者配合後用來烤焗蝴蝶酥，微辣的薑味配合紅糖的香氣，令酥脆的蝴蝶酥頓成養生小吃。

材料

即用酥皮 .... 2 片

薑味紅糖 .... 30 克

薑母粉 .... 10 克

做法

1 先將即用酥皮回溫至略為軟身，備用。

2 將薑味紅糖與薑母粉拌勻成薑糖。

3 在枱面平均灑上薑味紅糖，再放上酥皮。

4 將酥皮切半成為兩份，將其中一片左右兩邊各向內輕摺，再灑上 1 茶匙薑糖，再向內摺，中間必須預留空隙。

5 將酥皮切開，每一小件約 1 厘米。

6 平面烤盤墊上牛油紙，火力調至 WARM，放上蝴蝶酥。

7 火力調至 LOW，蓋上蓋子，每面各烤焗 8 至 9 分鐘即可。

窩心貼士

1 若酥皮摺疊後仍太軟，可放入雪櫃冷藏 10 分鐘，讓酥皮變硬。

2 可按個人口味，將薑母粉加至 20 克，以增添薑的辣味。

綠咖哩素肉碎炒麵（素食）

一般的肉絲炒麵較油膩，可嘗試用素食材及泰式方法來烹煮，將麵條煎至香脆後，再加入泰式素肉醬汁，香辣鬆脆的口感，令味蕾上有新的刺激。

材料

瑤柱麵 .... 4 個

素牛肉 .... 200 克

鮮菠蘿 .... 1 片

銀芽 .... 4 兩

紫洋蔥 .... 1/2 個

乾蔥蓉 .... 1 湯匙

麻油 .... 1 湯匙

醬汁

綠咖哩醬..... 70 克

瑜露............... 1 茶匙

糖 .... 1/4 茶匙

水 .... 30 毫升

做法

1 鮮菠蘿切粒，紫洋蔥切粒，備用。

2 先用水沖洗素牛肉一會，瀝水備用。

3 深鍋加入半鍋水，溫度以 HI 將水煮沸，煮熟瑤柱麵，盛起後加入麻油拌勻，放涼。

4 再放入銀芽汆水，盛起備用。

5 多用途烤盤每格加入少許油，以火力 MED 預熱約 4 分鐘，將瑤柱麵放入格內煎至兩面香脆，放涼備用。

6 平面烤盤下油，以火力 MED 預熱約 4 分鐘，將乾蔥蓉及紫洋蔥炒香後，再加入素牛肉炒勻。

7 加入醬汁及菠蘿炒勻。

8 最後將銀芽放在煎至香脆的麵餅，再淋上素肉醬汁即可。

窩心貼士

1 可按個人口味，以紅咖哩取代綠咖喱。

2 銀芽汆水後可減省烹煮時間。

3 若想麵餅更香脆，煎時可加多一點油。

4 可按個人口味選用鮮肉。

5 素牛肉及瑜露可於素食超市購買。

印尼素串燒（素食）

串燒總令人吃不停口，但吃肉太多會膩，想吃得健康一點，不妨用烤麩來製作素串燒，口感上與真串燒無異！

材料

鮮烤麩 ....200 克

醃料

綠咖哩醬 ....2 湯匙

沙茶醬 ....1 湯匙

麻油...................1 湯匙

紹興酒 ....1 湯匙

糖 ....1/2 茶匙

醬汁

印尼加多加多醬.... 80 克

熱水........................ 1 碗

做法

1 將烤麩撕開成薄片，用醃料最少醃 4 小時。

2 用竹籤將烤麩串成素串燒，備用。

3 將加多加多醬切成小粒，加入熱水以微波爐焗 1 分鐘，拌勻備用。

4 坑紋烤盤掃上少許油，以火力 MED 預熱約 4 分鐘，放入素串燒，每面煎約 2 分鐘。

5 每面掃上加多加多醬汁，再煎 2 分鐘即可。

窩心貼士

1 撕開的烤麩能營造肉片的外觀。

2 加多加多醬可於東南亞食品店購買。

3 竹籤使用前先浸水 10 分鐘。

4 可拌以青瓜及印尼脆片進食。

高太
廚房

煮餸是我每日的職責 | Mrs Ko

高太廚房：http://cook1cook.com/user/27054

自從放下工作後，就專心去做一個家庭主婦，照顧每一位家庭成員。煮餸，已經成為我每日的重要職責。

由於需要令每一位家庭成員能吃得健康，我的腦海總是不停鑽研各款餸菜款式，不斷學習，每當有時間，就會去參加不同的廚藝課程，當中包括中式、日式、東南亞、西式菜，還有中式點心、包餅、蛋糕課程等等。在每一個廚藝課程當中，都不斷吸收老師所教的一切，如餸菜的相關知識、食材運用、調味處理等，對於平日煮餸，是相當有幫助的。

現在，每當煮好一道餸菜時，上桌後見到家人食得開心，當中的滿足感是筆墨難以形容的，日後亦會對各種菜式多加鑽研，令廚藝更進一步。同時，亦更加留意食肆的菜式，好讓自己有更多靈感去創造新的菜式！

孜然小土豆

很喜歡孜然小土豆這款素食菜式，使用迷你小土豆，再加上孜然粉及其他調味料，烹調出一款惹味的素食。

材料

小土豆 ....500 克

蔥 ....1 條

蒜頭......................4 粒

調味料

孜然粉 ....1 茶匙

椒鹽粉 ....1 茶匙

素雞粉 ....1/2 茶匙

做法

1 蒜頭洗淨切成蓉，蔥洗淨切粒，豆豉洗淨，小土豆洗淨，備用。

2 深鍋下水，煮沸後下小土豆煮 30 分鐘，再沖冷水，待涼。

3 小土豆去皮，用壓薯蓉器或刀背輕壓至略為裂開，不需太大力。

4 平面烤盤下適當油，以火力 LOW 爆香一半蒜蓉。

5 下小土豆，將兩邊煎至金黃。

6 加入餘下的蒜蓉爆香。

7 加入所有調味料炒勻，最後撒上蔥粒略炒即可。

甜酸齋

相信每個香港人都吃過這款素食，我也經常做這道菜式，喜歡酸酸甜甜的味道，用以配飯。

材料

麵筋.................... 1/2 斤

調味料

茄汁....................150 克

白醋..................... 80 克

冰糖....................120 克

水 ....200 克

山渣餅 .... 5 塊

做法

1 麵筋先汆一汆水去油，然後沖洗乾淨，每件剪 2 件，備用。

2 深鍋下水，以 HI 火力煮沸，加入調味料，沸騰後轉 LOW。

3 加入麵筋，直至所有汁料都被麵筋吸收，即可。

洋蔥圈

洋蔥圈是一款價廉物美的小吃，在脆漿上加了鹽之後，令整個洋蔥圈充滿鹹香，而使用 Bruno 機炸，能更穩妥地控制油溫，炸出美味香脆的洋蔥圈。

材料

白洋蔥 .... 1/2 個

脆漿材料

中筋麵粉 .... 90 克

粟粉 .... 6 克

泡打粉 .... 8 克

澄麵粉 .... 12 克

食用油 .... 46 克

食用開水 .... 110 克

鹽 .... 1 茶匙

做法

1 將中筋麵粉、粟粉、泡打粉、澄麵粉、鹽拌勻。

2 在攪拌物加入食用油，待粉將油吸入。

3 慢慢加入食用開水，用一雙筷子左右左右地將脆漿開勻，令其炸出來的口感更脆。

4 待脆漿靜止 15 分鐘。

5 洋蔥切成 1 厘米闊圈，撕成兩層一個圈。

6 洋蔥圈沾一沾乾麵粉，再沾滿脆漿。

7 深鍋下油，用火力 HI 煮沸後關火。

8 慢慢加入已沾滿脆漿的洋蔥，直到脆漿開始硬身，即閂 HI 火逼出油分。

9 炸至金黃色即可取出， 用廚房紙吸走油分即可上碟。

窩心貼士

1 兩層洋蔥的肉較厚，口感會更好，也可隨個人喜歡決定多少層。

2 煮油時可用木筷子插入油內，至筷子出現泡泡便夠熱。

照燒煎釀三寶

照燒煎釀三寶是一道製作簡單，而且美味的小吃，只需事先做好一樽自製的美味照燒汁，便可隨時烹調。

材料

茄子.................... 1/2 條

鯪魚肉 ....115 克

豆腐卜 .... 7 件

青椒.................... 1/2 個

生粉....................1 茶匙

自製照燒汁 ....80 毫升

做法

1　豆腐卜每件切半，剪開中間，然後釀入鯪魚肉，備用。

2　茄子斜切段，搽上生粉，鋪上鯪魚肉，備用。

3　青椒切成角型，釀入鯪魚肉，備用。

4　平面烤盤下油熱盤，下所有材料，以火力 LOW 先將魚肉那邊煎成金黃。

5　照燒汁與生粉拌勻，煮沸，淋上三寶即可上碟。

- -

窩心貼士

1　釀鯪魚肉前在材料先加上生粉，可讓魚肉緊貼。

2　照燒汁可自製，也可在市面上購買；或可隨個人口味選擇汁料。

自製照燒汁

香茅雞翼

香茅雞翼是泰式口味的菜式，將香茅切碎，用以醃雞翼十分惹味，再配上以泰式甜雞醬及指天椒煮的醬汁，味道濃郁，且十分適合配飯或配啤酒。

材料

雞中翼 .... 8 隻

生粉 .... 1/2 茶匙

雞翼醃料

生抽 .... 1 湯匙

香茅 .... 1 條

鹽 .... 1/4 茶匙

砂糖 .... 1 茶匙

胡椒粉 .... 1/4 茶匙

醬汁料

指天椒 .... 1 隻

蒜頭 .... 2 瓣

泰式甜雞醬 ..... 55 克

魚露 .... 12 克

食用開水 .... 45 克

做法

1　將香茅洗淨切碎，加上其它雞翼醃料，醃雞翼 30 分鐘。

2　指天椒洗淨切粒，蒜頭洗淨切粒，備用。

3　將醬汁料拌勻，備用。

4　平面烤盤下少許油熱盤，以火力 LOW，將雞翼兩邊煎香。

5　加入蒜頭、指天椒爆香。

6　倒入醬汁料，煮成略為濃稠即可（有需要可使用生粉勾芡）。

酒香黃金蝦

將鹹蛋黃加入了玫瑰露，令鹹蛋黃更香，使這款黃金蝦增添不少香味，適合日常食用或作宴客之菜式！

材料

中蝦...................... 10 隻

鹹蛋黃 .... 4 個

玫瑰露 .... 1 茶匙

牛油..................... 1 湯匙

生粉...................... 適量

做法

1　將玫瑰露淋在鹹蛋黃（每粒 1 茶匙）。

2　深鍋下適量水，以火力 HI 煮沸後放上蒸架，繼續以 HI 蒸鹹蛋黃 5 分鐘。

3　用叉壓碎鹹蛋黃，備用。

4　用剪刀剪去中蝦的鬚及腳，以牙籤挑去腸臟，再於蝦肚部位略為剪斷。

5　將蝦洗淨，以廚房紙吸乾水分。

6　平面烤盤下油燒熱後，將蝦沾些生粉，以 LOW 至 MED 之間的火力，將蝦煎至金黃盛起。

7　平面烤盤再下油，煮溶牛油後加入已鹹蛋黃碎炒至起泡。

8　加入已經煎香的蝦炒勻即可。

- -

窩心貼士

替中蝦剪肚，能令蝦在煎煮時不會捲起。

滋味雞槌仔

這道菜的靈感來自朋友的一道惹味冷盤，這款菜式是以蔗渣的價錢，做出滋味的美食，且簡單易做！

材料

急凍雞槌仔 .... 8 隻

雞槌醃料

砂糖 .... 1 茶匙

生粉 .... 1 茶匙

雞粉 .... 1/2 茶匙

生抽 .... 1/2 湯匙

白胡椒粉 .... 少許

醬汁料

泰國甜雞醬 .... 4 湯匙

蠔油 .... 1 湯匙

食用開水 .... 1 湯匙

做法

1　急凍雞槌仔用鹽水浸泡解凍，洗淨後用雞槌醃料醃 30 分鐘，備用。

2　平面烤盤下油熱盤，雞槌仔以火力 LOW 煎熟，其間可蓋上蓋焗一焗，盛起。

3　將醬汁料拌勻，倒入盤內煮沸。

4　將雞槌排在碟上，淋上醬汁料即可。

西檸甜脆雞

利用 Bruno 機去做這道西檸甜脆雞菜式亦十分方便，不需要油炸亦做到炸脆效果。這款菜式酸酸甜甜，是十分之開胃之菜式。

材料

雞扒........................ 1 塊

調味料

生抽.................... 1 湯匙

麻油........................少許

雞蛋........................ 1 個

糖 .... 1 茶匙

雞粉.................... 1 茶匙

乙粉.................... 1 茶匙

西檸汁料

檸檬汁 ....2 湯匙

糖 .... 3 1/2 湯匙

鹽 ....1/8 茶匙

白醋................ 1/2 茶匙

冷開水 .... 60 克

檸檬皮幼絲 .... 3 克

做法

1 雞扒解凍洗淨，切成件，用調味料醃 30 分鐘或以上，備用。

2 西檸汁料拌勻，備用。

3 平面烤盤加入適量油煮熱，隔去雞扒汁液，沾上生粉，用火力 LOW 將雞扒煎至金黃香脆。

4 倒入西檸汁煮沸，用生粉勾芡，汁煮至濃稠，上碟後灑上檸檬皮幼絲即成。

- -

窩心貼士

亦可以在 3 先取出雞塊，再將西檸汁煮沸後淋上雞塊食用。

紫菜蝦膠腐皮卷

這道菜式的靈感來自茶樓小吃，而本人十分喜歡自製蝦膠的菜式，於是就用自己的方法做。蝦膠的彈牙，加上紫菜香味，再配合了泰式甜雞醬，真的令人回味！

材料

急凍蝦仁 .... 180 克

腐皮 .... 1 塊

壽司紫菜 .... 1 塊

泰式甜雞醬 ...... 適量

蝦膠醃料

蛋白 .... 2 湯匙

麻油 .... 1/2 茶匙

生粉 .... 2 茶匙

砂糖 .... 1 茶匙

雞粉 .... 1/2 茶匙

胡椒粉 .... 1/4 茶匙

做法

1 急凍蝦仁解凍後，用生粉刷洗，以清水沖淨後，用廚紙吸乾水分。

2 用刀邊拍扁蝦仁，再用刀背剁碎成蓉。

3 蝦蓉加入醃蝦膠料拌勻，再以筷子將混合物於一個方向不停打圈至起膠。

4 再將蝦肉由高處摔下，約 15 至 20 次至成蝦膠。

5 將蝦膠以保鮮紙包裹，放入雪櫃冷藏 4 小時以上（最好冷藏過夜）。

6 腐皮剪出 1 塊長方型（約 5 吋 X 7 吋），擦少許水弄濕，用湯匙背將一半蝦膠平均搽上腐皮。

7 將 1 塊壽司紫菜對摺，疊在蝦膠上，再搽上另外一半蝦膠。

8 將腐皮捲上，最後以少許水封口。

9 以保鮮紙包裹腐皮卷，放入雪櫃冷藏 1 小時使其略為硬身。

10 取出腐皮卷切厚片（約半吋厚）。

11 平面烤盤下油燒熱，調至 LOW 火力將腐皮卷兩邊煎至金黃即可。

12 配上甜雞醬，即可進食。

窩心貼士

1 蝦膠要經過冷藏，口感才夠彈牙。

2 可配沙律醬進食，或隨個人口味配搭。

黑松露比目魚

比目魚脂肪含量低，蛋白質豐富，其所含的 DHA 能幫助腦部健康。我十分喜歡吃比目魚，常儲存在雪櫃中，隨時加菜。今次用黑松露醬配比目魚，更添美味。

材料

急凍比目魚 .... 2 件

黑松露醬 .... 4 茶匙

生粉 .... 適量

椒鹽 .... 適量

做法

1 比目魚解凍，刮去肚內的黑色衣，用廚紙吸乾水分。

2 在魚邊灑上適量椒鹽及沁上一層生粉，令魚更脆。

3 平面烤盤下油燒熱，用火力 LOW 將魚的兩邊煎至金黃。

4 掃上黑松露醬，煎多約 1 分鐘即可。

免炸越式鮮蝦餅

這道菜採用新鮮蝦肉，配合越式風味的調味，香茅及芫茜令蝦餅增添了風味！

材料

鮮蝦.................. 1 斤

豬膏 .... 15 克

芫茜 .... 15 克

香茅 .... 12 克

白芝麻 .... 20 克

麵包糠 .... 適量

調味料

蛋白................. 1 湯匙

鹽 .... 1/2 茶匙

砂糖............... 1 茶匙

麻油 .... 少許

生粉............... 1 湯匙

白胡椒粉 ..... 1/2 茶匙

做法

1 芫茜洗淨切碎，香茅洗淨切碎，備用。

2 將豬膏切碎，備用。

3 蝦去殼、挑去腸，用生粉洗淨吸乾水分。

4 將 80 克蝦肉切粒備用，其餘蝦肉用刀背拍扁、剁碎，備用。

5 其餘蝦肉用刀背拍扁及剁碎，加入芫茜碎拌勻，加入調味料，用筷子以一個方向轉圈拌勻。

6 蝦肉再加入香茅碎拌勻。

7 加入豬膏，於大碗中向同一方向攪拌約 2 分鐘。

8 用手將蝦膠摔入大碗中約 30 次至起膠，直至反轉碗蝦肉也不會散掉。

9 以保鮮紙包起蝦膠放入雪櫃 30 分鐘以上，以抽乾水分。

10 取出蝦膠，搓成一個個餅形，沾滿麵包糠及芝麻，放上碟上備用。

11 平面烤盤下油燒熱，以 MED 溫度，將蝦餅煎至兩邊金黃即可。

窩心貼士

1 要使蝦餅更彈牙，蝦洗淨後一定要吸乾水分，蝦膠要摔至起膠再放入雪櫃冷藏；加豬膏也會令蝦餅更彈牙，可加可不加。

2 可配泰式甜酸醬進食。

柚子金沙骨

用柚子蜜去做的一款簡易美味的菜式，製作簡單，適合配飯。

材料

金沙骨 .... 8 條

生粉 ....適量

金沙骨醃料

麻油 .... 1/2 茶匙

生抽 .... 1/2 湯匙

鹽 .... 1/4 茶匙

砂糖 .... 1 茶匙

生粉 .... 1 茶匙

柚子汁料

柚子蜜 .... 2 湯匙

魚露 .... 1 茶匙

食用開水 .... 2 湯匙

做法

1 金沙骨洗淨後，用金沙骨醃料醃 30 分鐘以上後隔去汁液，備用。

2 平面烤盤下油，以 MED 至 HI 火力熱盤。

3 金沙骨沾滿生粉，下盤將兩邊煎熟。

4 將柚子汁料拌勻，淋在金沙骨上，再煮沸即可關火。

窩心貼士

柚子汁不能煮太久，否則會有苦澀味。

書　　　名	Bruno 一口小吃大百科
作　　　者	Kelly Chong、Michelle Sun、Mrs Ko、Sam Sam

總　編　輯	Ivan Cheung
責任編輯	Squidward
文字校對	Candy Cheung
美術總監	Dawn Kwok
攝　　　影	Martin Wong 馬田

出　　　版	研出版 In Publications Limited
	地址：油麻地彌敦道 460 號美景大廈 3 樓 B 室
	查詢：info@in-pubs.com
	傳真：3568 6020

市場推廣	Samantha Leung

香港發行	春華發行代理有限公司
	地址：香港九龍觀塘海濱道 171 號申新證券大廈 8 樓
	電話：2775 0388
	傳真：2690 3898
	電郵：adm@springsino.com.hk

台灣發行	永盈出版行銷有限公司
	地址：新北市新店區中正路 505 號 2 樓
	電話：(886) 2-2218-0701
	傳真：(886) 2-2218-0704

售　　　價	港幣 108 元 / 新台幣 480 元

出版日期	二零一七年七月香港第一版第一次印刷
國際書號	ISBN 978-988-77349-7-0